U0183121

米莱知识宇宙

启航吧知识号

原来几何可以这么直观

米莱童书 著/绘

北京理工大学出版社
BEIJING INSTITUTE OF TECHNOLOGY PRESS

推荐序

　　40 岁的柏拉图在雅典创立了柏拉图学园，学园的大门上写下了"不懂几何者不得入内"的标语。这是为什么呢？这要从几何说起了，几何来源于生活，历史悠久。原始人为了生存，认识了猎物的形状、大小、位置等与几何相关的知识。后来，几何被用在了建筑、测绘以及各种工艺制作中，中国在公元前 13、14 世纪就已经有了"规""矩"这种用于测量的工具，古埃及人也发明了测定土地界线的"测地术"。到了现在，几何已经发展成了一门研究空间结构和性质的学科，同时也成了训练抽象思维能力、空间想象能力和逻辑推理能力的最有效的工具。

　　作为数学最基本的研究内容之一，几何中的定义和概念都是从人们的实际生活中抽象出来的。在系统地学习几何的过程中，小朋友会经历从实际生活中抽象出几何图形的过程以及将抽象图形具象为实际物体的过程，空间观念和想象能力得以随之发展。另外，通过对几何公理的推理和演绎，小朋友的逻辑推理能力也将得到提升。毫不夸张地说，几何可以为万物赋能。几何中涵盖着艺术的美感，许多包括绘画、建筑设计在内的工作都要求具备几何基础知识；同时，几何也能为绘图、天体观测等测绘行业提供帮助；几何成像技术的发展为医学、人工智能、软件开发等信息领域提供了更广阔的前景。了解几何、感悟几何，可以为孩子的未来职业发展奠定良好的基础。

　　就像柏拉图学园要求"不懂几何者不得入内"一样，几何在我们生活中的作用是不可取代的。基于这样的事实和需求，《启航吧，知识号：原来几何可以这么直观》深入浅出地讲解几何知识，以引导孩子发现几何的奥妙。同时，书中渗透了历史、文化等方面的内容，满足孩子对综合知识的摄取，让几何在孩子眼中的形象变得更加丰满、有趣。

　　希望这本书能够成为孩子们几何学习道路上的助力器，帮孩子们学好几何、用好几何。

中国科学院院士、数学家、计算数学专家

郭柏灵

几何直观

线段

图形的位置和运动

目录

几何直观

几何大陆参观记

图形的位置和运动

一直都在运动的我们

你每天都要从家里出发，到学校上学，路途中的你就在运动着。

在你不知道的时候，地球也在绕着太阳运转。

地球

方向不变的平移

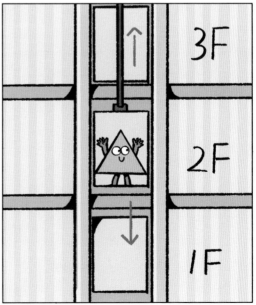

直线行驶的小汽车能带着我们平移更远的距离。

你坐在缆车上移动的时候也是在平移呢。哇，好高啊！

但是不管怎么平移，平移了多远，我还是平移之前的那个我。

平移可不是变魔术，它不会改变物体的大小和形状，就像是开在路上的小汽车，它开得再远，都不会变成一辆大卡车。

不仅仅是平移，像这样走着走着拐弯了的移动也不会改变物体的大小和形状。
毕竟，这辆小汽车只是拐了个弯，而不是跑进了异世界。

平移只会改变物体的位置，你往前走一步也还是之前的那个你。

大酬宾啦！转盘抽奖，每个人都有一次机会啊！

旋转的抽奖转盘

欢迎光临。

谢谢惠顾……为什么我抽不到一等奖啊，这个能旋转的圆盘一定有问题！

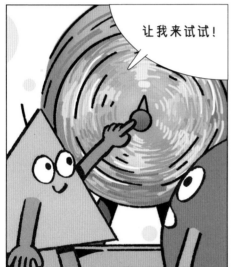

让我来试试！

旋转和平移一样，也是物体的一种运动。一个点绕着另外一个不动的点进行旋转，它的奔跑痕迹就会变成一个圆形。

我不会动的，你绕着我跑吧！

一直不动的那个点就是旋转中心，抽奖转盘上的红色按钮也是旋转中心。

旋转中心

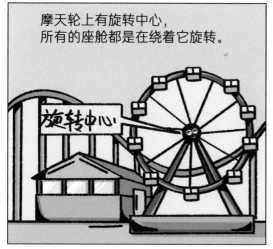

摩天轮上有旋转中心，
所有的座舱都是在绕着它旋转。

你家里的钟表也有旋转中心，
时针和分针就在绕着它旋转。

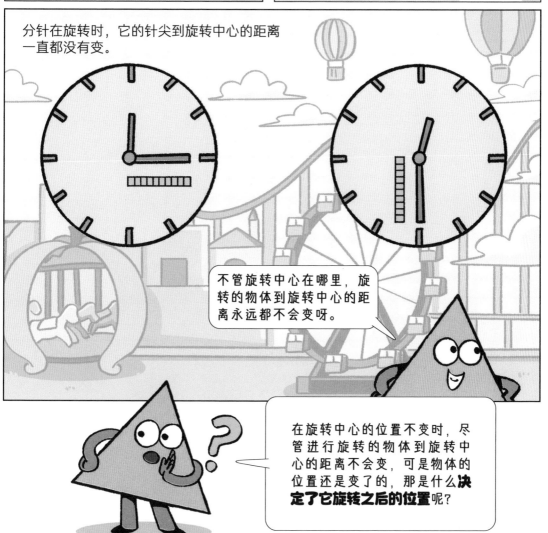

分针在旋转时，它的针尖到旋转中心的距离
一直都没有变。

不管旋转中心在哪里，旋转的物体到旋转中心的距离永远都不会变呀。

在旋转中心的位置不变时，尽管进行旋转的物体到旋转中心的距离不会变，可是物体的位置还是变了的，那是什么**决定了它旋转之后的位置**呢？

注：角有大有小，可以用角度来描述角的大小。90°的角是直角，将直角分成90份，每一份就是1°。

摩天轮上，座舱旋转的时候，从下面转到了左边，如果我们把这两个位置和旋转中心连起来，就形成了一个直角！也就是说，座舱旋转了90°，从下面转到了上面。

如果座舱旋转了180°，它就会移动到最上面。

旋转中，这样的角度就叫作旋转角度。但是只有角度是不行的，你看，摩天轮还可以往右边转。

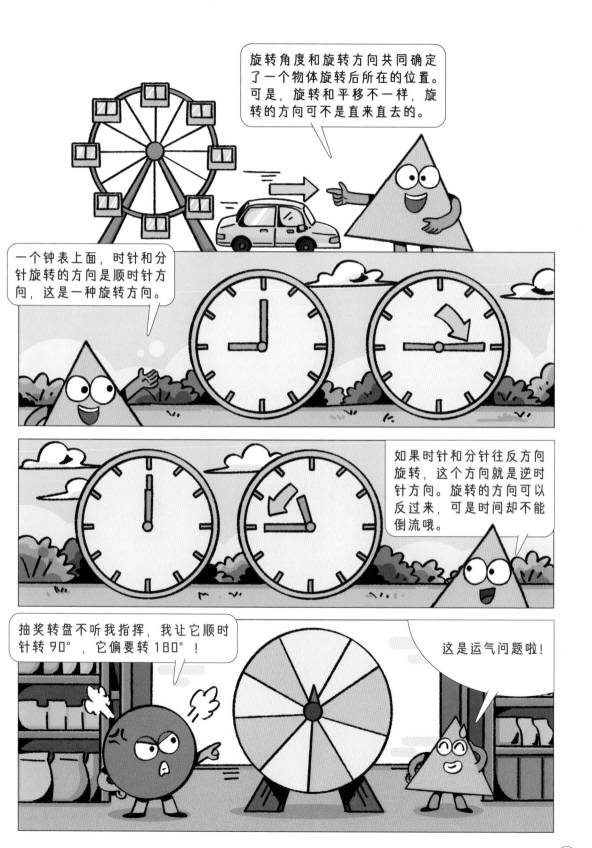

这个电梯会开门

这条缝儿从中间把直梯的门分成两个部分，这就是直梯的两扇门。我们用一张纸，就能做成一个直梯门的简单模型。

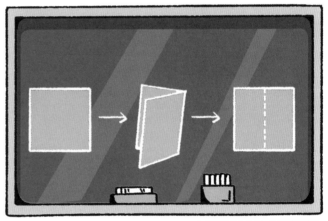

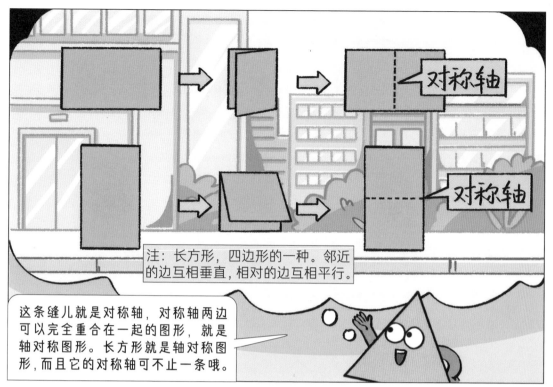

注：长方形，四边形的一种。邻近的边互相垂直，相对的边互相平行。

这条缝儿就是对称轴，对称轴两边可以完全重合在一起的图形，就是轴对称图形。长方形就是轴对称图形，而且它的对称轴可不止一条哦。

对称轴还可以是斜的，但是它一定是一条直线。

不过，对称也不只有这一种。

叮！

别挤别挤，快摔倒了！

还有一种对称，叫作**中心对称**，正方形就是一个中心对称图形。

正方形，四边形的一种。邻近的边互相垂直，相对的边互相平行，而且每条边都一样长。

前　后

中心对称要和旋转结合在一起看，风一吹，风车就会绕着中间的这个点旋转起来。

它旋转了 180° 的时候，还是和以前一样，所以风车就是个中心对称图形。

中心对称和轴对称是一对好朋友，它们都是一种对称。像圆形和正方形，它们既是**轴对称图形**，又是**中心对称图形**呢。

圆形，一种特殊的曲线图形。

对称很漂亮，从古至今，
不管是轴对称还是中心对称，
都被用在我们的生活中。
天坛就是一座对称的建筑。

飞机也是对称的。

但是生活中并不是所有的东西都是对称的，总是有一些不对称的图形和物体。它们也很漂亮，不过呢，如果你想让它们变成对称的，也不是没有办法。

补全一个对称图形

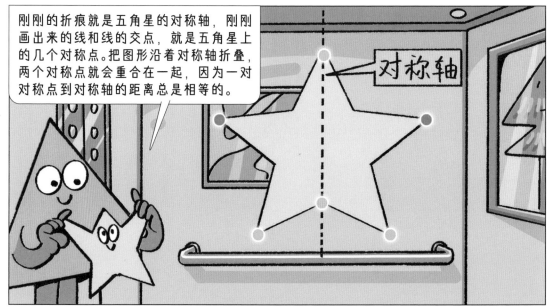

想要把那块儿不完整的小饼干变成一个对称图形，首先我们就要先在一张对折好的纸上，沿着折痕，画出剩下的小饼干的形状。

你可以直接用剪刀把它剪开，也可以用针在交点的位置扎几个孔，找出它们的对称点，连上对称点之后，就可以补全这个对称图形啦。

下面这几个图形，你能找出来哪些是对称图形吗？

① ② ③ ④

奇妙的图形

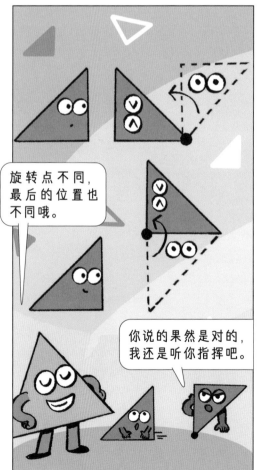

就像埃舍尔一样，每个人都有利用图形创作的可能，比如**平面设计师**。

还有**建筑设计师**。

你还可以去做游戏**研发工程师**。

安全

用数对找座位

"7排6座"，指的就是从前往后数第7排，从过道这边往里面数的第6个座位。

我是5排3座，就是从前往后数第5排，从过道这边往里面数，第3个座位！

你看，这么简单的几个字，就可以把位置说出来，这其实就是**数对的魅力**。

数对是"一对"数，也就是由两个数构成的整体。提起数对，就不得不说法国伟大的数学家**笛卡尔**了。他就是在生病时看到结网的蜘蛛而发明的数对！

如果蜘蛛是一个点的话，那这个点的位置是不是可以用数字确定下来呢……

嘿咻！ 嘿咻！

笛卡尔发明了数对，让一切都变得简单了许多。但是要记得，数对里的两个数是有顺序的，数对可以用来表示位置，前一个数表示第几列，后一个数表示第几行。

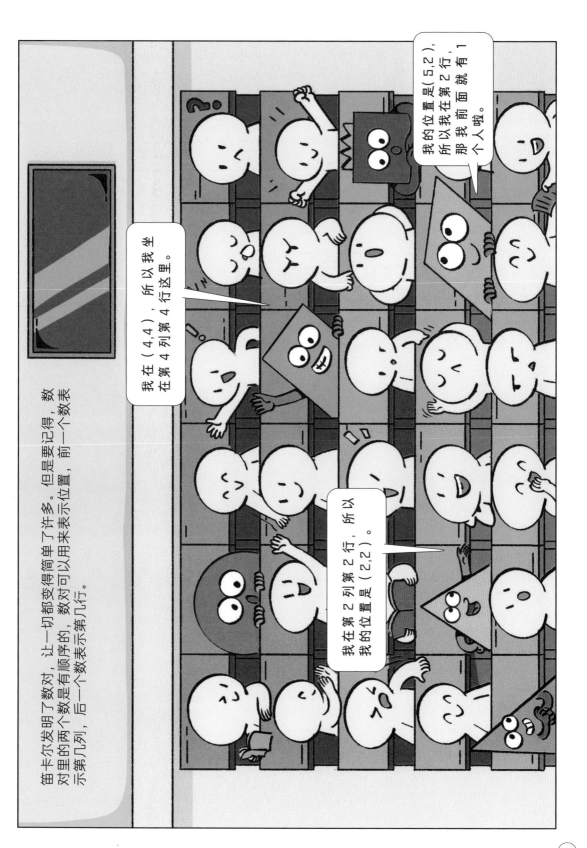

我的位置是（5,2），所以我在第2行，那我前面就有1个人啦。

我在（4,4），所以我坐在第4列第4行这里。

我在第2列第2行，所以我的位置是（2,2）。

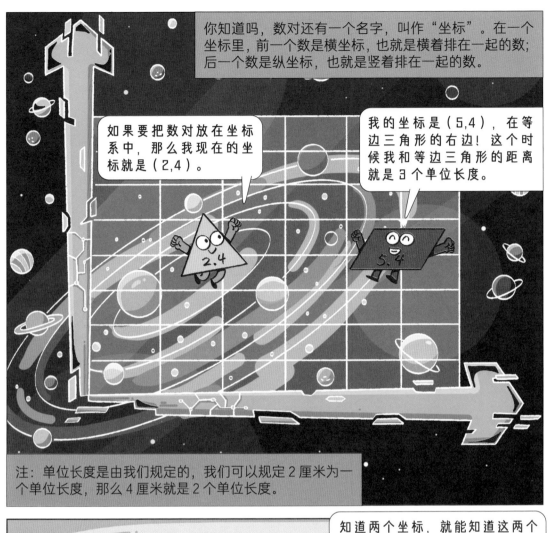

你知道吗，数对还有一个名字，叫作"坐标"。在一个坐标里，前一个数是横坐标，也就是横着排在一起的数；后一个数是纵坐标，也就是竖着排在一起的数。

如果要把数对放在坐标系中，那么我现在的坐标就是（2,4）。

我的坐标是（5,4），在等边三角形的右边！这个时候我和等边三角形的距离就是 3 个单位长度。

注：单位长度是由我们规定的，我们可以规定 2 厘米为一个单位长度，那么 4 厘米就是 2 个单位长度。

知道两个坐标，就能知道这两个坐标之间的相对位置。而且，在地球上，很多事情都要用到**数对和坐标**呢。

120°E 40°N

121°E 31°N

北
西 东
南

如果我想从北京去上海，我可以先看看地图，确认一下两个地方的位置。地图上的这种**坐标代表的就是经纬度**，也就是东经120°、北纬40°和东经121°、北纬31°。

地球

120°E

40°N

经纬度是用经纬线确定的，地球本身是没有经纬线的，但是为了定位，人们画出了**经纬线**，这样，我们就可以通过经纬坐标来**定位**啦。

身边有方向

这里是**北极**!

在地球上,除了会用到上下左右,还会用到**东南西北,这就是方向**。刚刚说到的东经北纬里的"东"和"北"就是两个方向。

这里是**南极**!

除了南北，还有东西，经纬线中东经就是本初子午线以东的经线。西经就是本初子午线以西的经线。

就这样，人们总结出了辨别地图上的方向的规律，那就是上北下南，左西右东。

在生活里，也有很多很常见的现象离不开方向呢！

后来，人们又发明了**指南鱼**。里面的小鱼是一个被磁化的铁片，水面静止的时候，鱼头就会指向南方。

很久之前，人们并没有导航，他们都是靠我国的四大发明之———**指南针**来辨别方向的。最初的指南针是个"勺子"，就是**司南**。

指南针还有**磁针、罗盘**等各种各样的样式，被广泛地应用在航海上。最著名的航行当属郑和下西洋了。

手机上也有**指南针**，手机对着哪里，这上面就会显示出那个位置的方向。你看里面那根长长的线，指的就是东偏南45°的方向。

概念收纳盒

平移：同一平面内，图形（或物体）上的所有点都按照某个直线方向做相同距离的移动。

旋转：图形（或物体）绕着旋转中心沿某个方向做一定角度的运动。

轴对称图形：平面内，一个图形沿着一条直线进行折叠，如果直线两旁的部分可以完全重合，那么这个图形就是轴对称图形。

中心对称图形：把一个图形绕着某一个点旋转180°，如果旋转后的图形能够与原来的图形重合，那么这个图形叫作中心对称图形。

数对：一对可以表示位置的"数"，前一个数表示列，后一个数表示行。

坐标：一对可以表示位置的"数"，前一个数是横坐标，后一个数是纵坐标。

P23 答案
③④是对称图形。

02

几何直观

从远古开始

南美洲的古印加人也用结绳的方法来记数。他们会在一根很粗的绳子上面系上不同颜色的细绳，根据绳的颜色、结的位置、大小等，来表示出不同事物的数目。

用红色的绳子来代表羊驼的数量吧。

除了结绳记数以外，人类也曾在竹、龟甲、骨头等材料上刻下痕迹，用刻痕来记数。中国的甲骨文数字就是一种刻痕记数。

试试看，看看你能在下面的甲骨文中找出**代表数字的符号**吗？

无论是绳结还是刻痕，这些符号都把数量**直接呈现**在人们的眼前。

随着历史的变迁，越来越多数字符号被发明了出来，包括现在全世界通用的**阿拉伯数字**，都是可以直观地表示数的符号。

这种直观的表达像极了我们的新朋友，它就是——

几何直观!

哲学家都喜欢的直观

你是不是没有见过我？哈哈，其实我不是一个具体的图形或者符号，而是一种用来分析和解决问题的思维方法。不是我自吹自擂，但是我真的大有用处哦！

直到现代社会，我才拥有了我的名字。不过，在很久很久之前，人们就已经发现直观的重要性了。

春秋战国时期，创立墨家学派的墨子就很喜欢直观的表达。

我们要用大家已经知道的事物来说明大家不知道的事物，这样别人才能更好地理解我们的想法。

注：辟也者，举也物而以明之也。——墨子《小取》

注：逝者如斯夫，不舍昼夜。——孔子《论语》

勾股是个大学问

在中国古代数学家眼中，用图形分析和解释抽象数学概念的思想也是一种直观，比如刘徽的**割圆术**就很直观地把极限思想呈现在我们的面前。

注：周长，是几何图形一周的长度，也是图形所有边长相加的和。

他这是在用割圆术计算圆的周长呢。

割圆术还包含着朴素的微积分思想呢，在当时可是非常先进的。

注：割圆术，指所有顶点都在圆上、边长相同的多边形，当它的边数无限增加时，周长会无限接近圆形的周长。

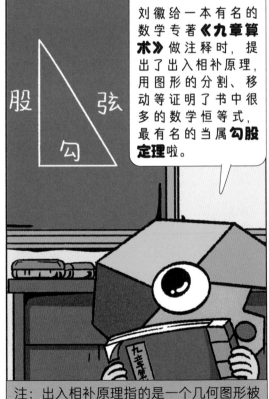

刘徽给一本有名的数学专著**《九章算术》**做注释时，提出了出入相补原理，用图形的分割、移动等证明了书中很多的数学恒等式，最有名的当属**勾股定理**啦。

注：出入相补原理指的是一个几何图形被分割成若干部分后，面积或者体积的总和保持不变。

勾股定理指的是直角三角形的两条直角边的平方之和等于斜边的平方。

它用处可大了，除了可以用来判定直角三角形，工人们也会用勾股定理来设计房梁之类的工程结构。

青入 青出 朱出 股 朱 弦 勾 青 青出 朱入 青入

这个图形看起来好复杂，为什么要画成这样呢？直接用一个直角三角形不就好了嘛！

注：直角三角形，一种特殊的三角形。有一个角是直角，而直角旁边的两条边就叫直角边。
注：面积，就是平面图形的大小。

别着急啊，你可以在纸上画一个直角三角形，然后分别以它的三条边为边长画出三个正方形。据说这两个小正方形的面积之和与这个大正方形的面积相等，你知道是怎么得出的吗？

我们来比赛吧，看看谁能先推导出**勾股定理**！

比就比！

你看，最大的正方形已经盖住了两个小正方形的一部分，我们把小正方形们剩余的部分剪下来，看看能不能把它们填到大正方形里呢？

两个小正方形的面积之和与这个大正方形的面积相等，这怎么看出来相等的呢？

最小的小三角形和右上角的空白处形状一样呢，我们可以把它拼在这里！

我把两个小正方形拼在一起，看看能不能拼成那个大的正方形吧！

注: 正方形面积 = 边长 × 边长。

和刘徽生活在同一时期的，还有另外一个数学家赵爽，他在给《周髀算经》做注释时，也用图形证明了勾股定理，后人把赵爽用的这个图形称为"**赵爽弦图**"。

你知道用赵爽弦图怎么推导出勾股定理吗？

赵爽弦图

股 四
弦 五
勾 三

我们不仅可以用图形去分析和解释数的问题，也可以用数去分析和研究图形，这种数形结合就是中国古代数学中的一个重要思想。

西方数学也同样重视这个思想,这就不得不提到一位重要的数学家了。

还记得那个看到蜘蛛织网而发明了坐标系的笛卡尔吗?

坐标系把数和形结合在了一起,既可以用数去分析和解决图形的问题,也可以用图形去分析和解决数的问题!

哥尼斯堡（现为加里宁格勒）是欧洲的一座古城，有一条河会流经这座古城。河上有两个小岛，有七座桥把这两个岛和河岸连接起来了。

有一天，一个人提出这样一个问题：能不能一次走完七座桥，每座桥只走一次，最后又回到出发点呢？你来试一试，看看可不可以吧！

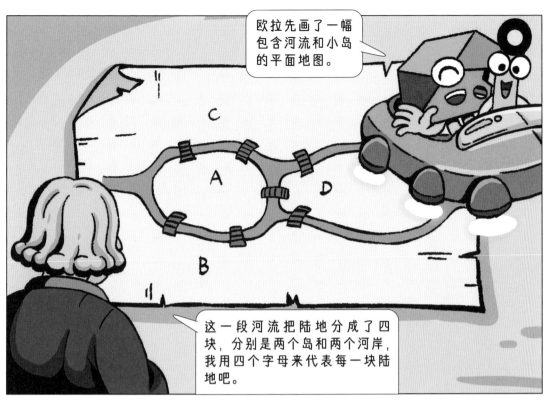

欧拉先画了一幅包含河流和小岛的平面地图。

这一段河流把陆地分成了四块，分别是两个岛和两个河岸，我用四个字母来代表每一块陆地吧。

如果把每一块陆地看成一个点，那每座桥就是把每两块陆地连接起来的线，画一条线就相当于搭建起来一座桥。

我从 B 这块陆地走到 A，经过了这座桥，那这座桥就是连接 AB 两个点的那条线。

59

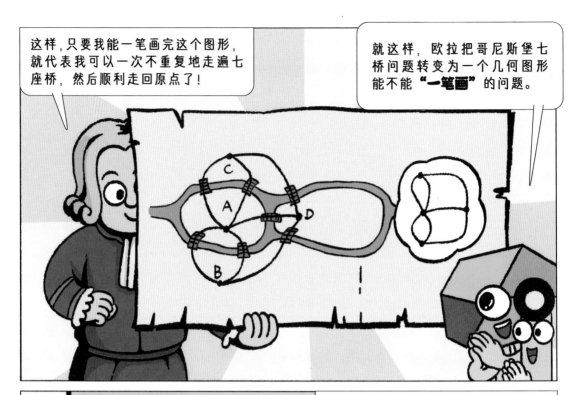

蛋糕店大酬宾啦

看，这里新开了一家蛋糕店，开业大酬宾，蛋糕店做了100个蛋糕给大家吃。

到店的前100名客人可以参加分吃100个蛋糕的活动，每个大人可以吃3个蛋糕，3个小朋友可以一起吃一个蛋糕。

这100个蛋糕正好被吃完了，每个人都吃到了蛋糕。

好大的蛋糕！

这得仔细地数一数啊。

那现在店里面有**多少个大人**，又有**多少个小朋友**呢？

我只需要一张纸和一支笔，就可以知道答案！

我们把一个大三角形看作一个大人，把一个小三角形看作一个小朋友，把一个圆形看作一个蛋糕。

1个大人可以吃3个蛋糕，那这个大三角形就可以拥有3个圆形。

3个小朋友可以吃1个蛋糕，所以3个小三角形一起拥有1个圆形。

如果让它们4个坐在一桌，这张桌子上应该放几个蛋糕呢？

没错，这张桌子上应该放**4 个蛋糕**。

→ 4个蛋糕

1 个大人和 **3 个小朋友**刚好吃掉 4 个蛋糕。

如果每一张坐着 1 个大人和 3 个小朋友的桌子上都放上 4 个蛋糕，那 100 个蛋糕就可以放 25 张桌子。

100÷4=25

25张桌子，每张桌子上坐着1个大人和3个小朋友，这下你知道有多少个大人，又有多少个小朋友了吗？

其实，这是记录在中国明代数学家程大位的名著《直指算法统宗》中的一道著名算题"百僧分馍"，当然啦，和尚们分的不是蛋糕店里的蛋糕。

图表有妙用

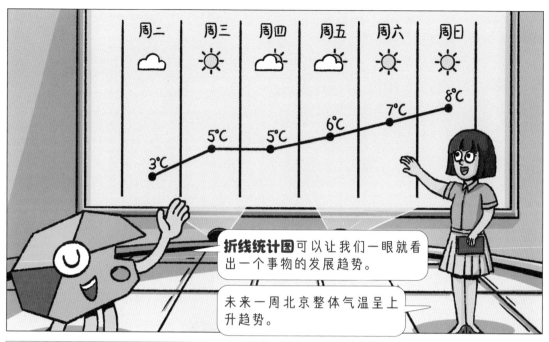

除了统计图，**统计表**也是几何直观的一大得力助手。

		金牌	银牌	铜牌	总数
1	挪威	16	8	13	37
2	德国	12	10	5	27
3	中国	9	4	2	15

横着看，可以看到中国在冬奥会中获得奖牌的情况。

		金牌	银牌	铜牌	总数
1					
2					
3	中国	9	4	2	15

竖着看，可以对比哪个国家获得的金牌数量最多。

		金牌
1	挪威	16
2	德国	12
3	中国	9

几何图形健康统计表

姓名	是否近视	是否挑食	是否有龋齿	每天锻炼时间
△三角形	否	是	是	8:00—9:00
○圆形	否	否	否	20:00—21:00
✎线段	否	是	否	7:00—9:00
何专家	是	否	否	16:00—18:00

你能找出来我的**健康数据**吗?我是不是挑食呢?

早在西汉时期,司马迁就在**《史记》**中记载了 10 个统计表,这是中国现存的第一批统计表。

这些图表都让抽象的数据变得**可视化**,让复杂的记叙变得更加清晰,但是我的本领不止这些。

让你的思维更清晰

我还会让你拥有用**图形**来梳理事情的能力，能让你的思维变得更加清晰。

在你想事情的时候会不会遇到这种情况呢？可能只是一件"要怎么去上学"的事情，好像就可以做很多种选择，一想起来就一头乱麻。

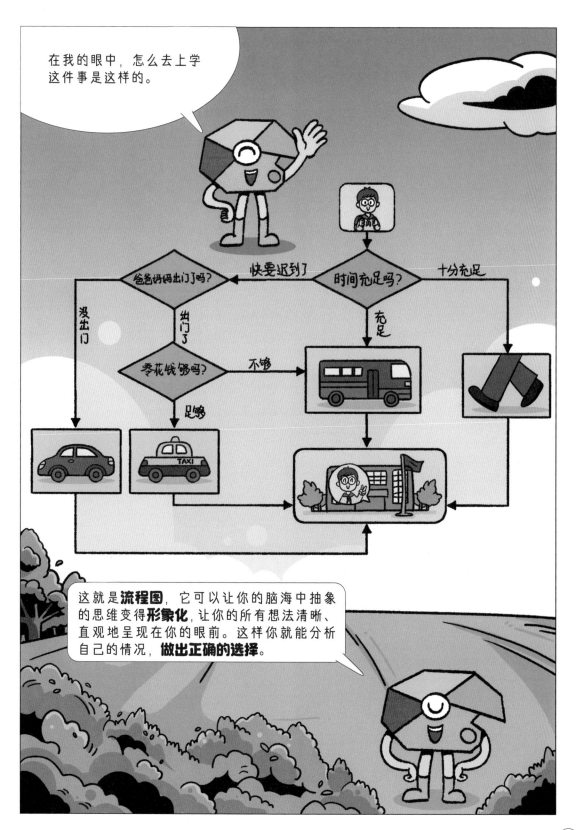

在流程图中，每一个图形都有它自己的"**使命**"。

我代表一个流程的开始和结束，一个流程图始于我，终于我！

我是这个流程中要进行的具体操作或者步骤。

我也是很重要的，我可是一个决策者，可以根据不同的情况，判断并做出不同的决策。

会议流程

×× 公司第十次研讨会

生产流程

这些简单的图形，通过它们所代表的不同含义帮助人们梳理思维，在一些生产、商业等领域都会有应用。

但是要说流程图最初的作用，其实还是和**计算机**有关。

发明流程图的是世界上第一位计算机程序员——**埃达·洛夫莱斯**，她创立了循环、子程序等概念，对如今计算机的发展有着巨大的贡献。

一家著名的人工智能计算公司为了纪念她，就推出了以她的名字命名的产品。

这就是计算机
IT'S COMPUTER
NO.1

如果你未来想要学习编程，流程图可是必不可少的基础哦。

73

P46

你能在下面的甲骨文中找出代表数字的符号吗?
对照着下面的表格找一下吧!

一	二	三	亖	X	∧∧	十
1	2	3	4	5	6	7
) (	㇌	|				
8	9	10				

P54

你知道用赵爽弦图怎么推导出勾股定理吗?

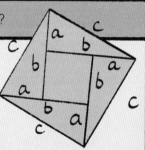

　　赵爽弦图是由 4 个一模一样的直角三角形围成的一个边长是直角三角形斜边的正方形。

　　我们假设直角三角形的斜边边长是 c,两条直角边分别是 a 和 b,那么被 4 个直角三角形围起来的小正方形的边长就是 $b-a$。

　　所以这个大正方形的面积就是 4 个直角三角形的面积与小正方形面积之和。

　　也就是说:

$$c^2=4\times\frac{1}{2}(a\times b)+(b-a)^2$$

　　经过推导,最终可以得出:

$$c^2=a^2+b^2$$

　　即直角三角形斜边的平方是两条直角边的平方之和。

答案页

P61

你可以不重复地走完地图上的所有路，并且到达这 5 个地点吗？

    我们可以把所有的路看作是线段，把 5 个地点看作是 5 个线段与线段的交点，那么这个地图就可以转化为一个几何图形。

    这个图形中的奇点个数为 0，所以可以一笔画完。

    也就是说，我们可以一次性地走完地图上的所有路，并且到达地图上的 5 个地点。

P65

100 个人吃 100 个蛋糕，每个大人吃 3 个，每 3 个小朋友吃 1 个，你知道有多少个大人，又有多少个小朋友吗？

    我们让 1 个大人和 3 个小朋友坐在 1 桌，这样 1 桌上就有 4 个人，这 4 个人吃 4 个蛋糕。

    如果每一桌都摆 4 个蛋糕，那么，100 个蛋糕可以摆 $100 \div 4 = 25$ 桌。

    每一桌上有 1 个大人，所以大人一共有 $25 \times 1 = 25$ 个；

    每一桌上有 3 个小朋友，所以小朋友一共有 $23 \times 3 = 75$ 个。

概念收纳盒

出入相补原理： 指的是一个几何图形被分割成若干部分后，面积或者体积的总和保持不变。

勾股定理： 直角三角形的两条直角边的平方之和等于斜边的平方。

"一笔画"图形： 一个图形从起点到终点可由一笔画成而线路不中断也不重复。

数形结合： 是一种数学思想，指的是通过数与形之间的对应和转化关系来解决数学问题，可以让复杂的问题简单化、具体化、形象化。

几何直观： 主要是指运用图表描述和分析问题的意识与习惯，有助于把握问题的本质，明晰思维的路径。

统计图： 是根据统计数据，用几何图形等绘制的各种图形，具有直观、形象等特点，常见的统计图有条形图、折线图等。

统计表： 是用纵横交叉的线条所绘制的表格来反映统计资料的一种形式。

流程图： 是一种用规定的图形、指向线及文字说明来准确、直观地表示算法的图形。

几何大陆参观记

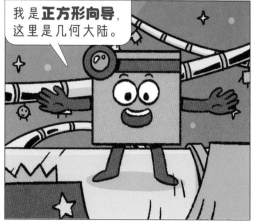

你们是来自几何星球吧，我们曾经观测过你们的星球。

观、观测？！

是的，我们这边科技还算发达。不如，就由我来带你们参观一下吧。

好啊！

不好意思，请问我们的飞船……

这个你们放心，我们的技术人员已经去修理了。这个摄像机已经修好了，还给你们。

谢谢你！

那我们开始吧，请随我来。

怎么突然停下了？！

我的导航发生故障了！

这……这只是个意外！

咱们继续往前走，这边往左拐，换到另一条轨道上，就可以到达**轨道研究院**了。这里面聚集了很多学者，专门研究大陆上的轨道。

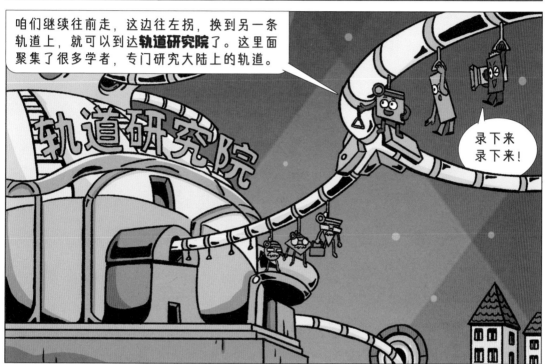

录下来录下来！

这边往右拐，就可以到**天文台**了，在那里我们可以观测到你们所在的**几何星球**。

那些门是做什么的啊？

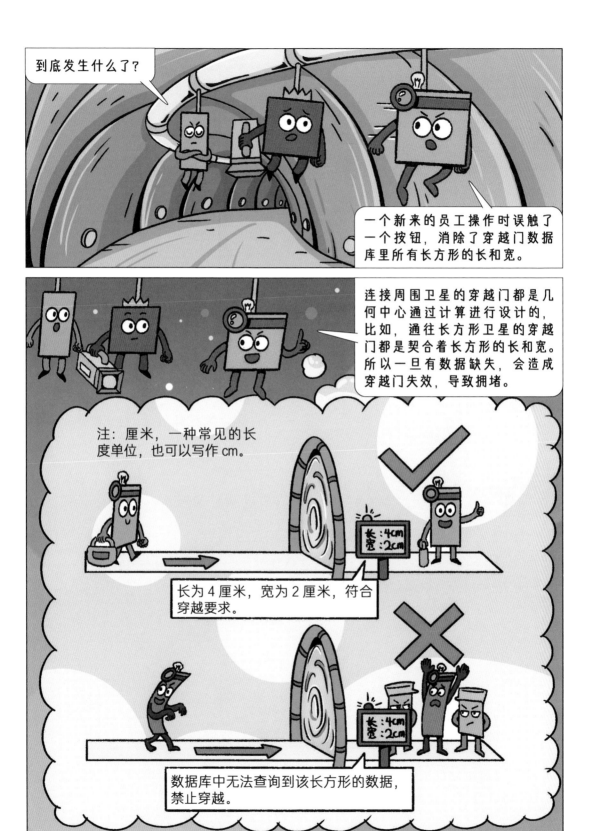

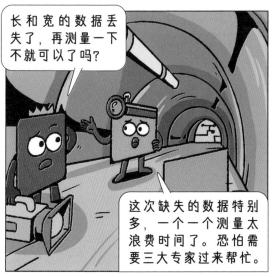

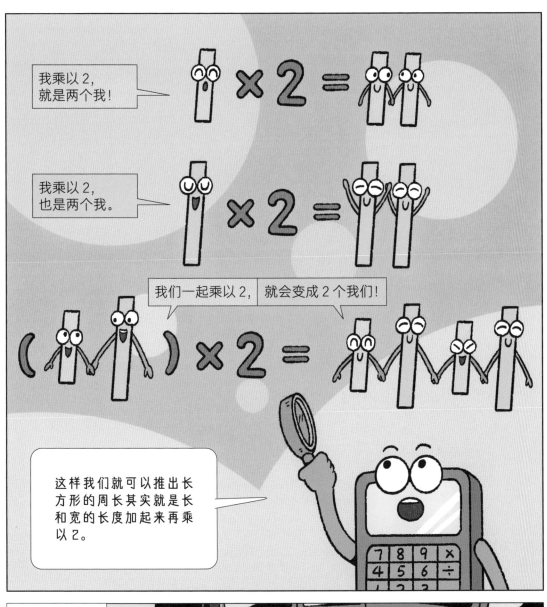

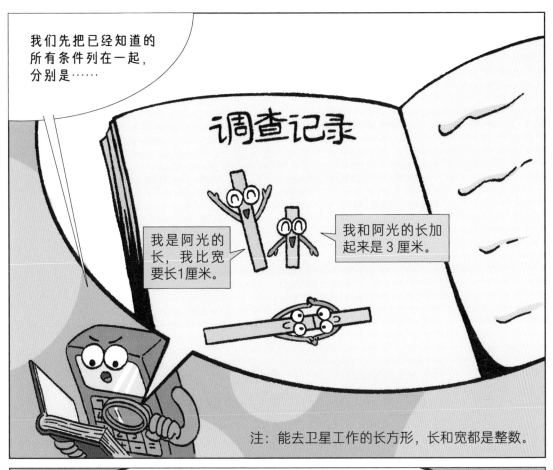

接下来的舞台就交给我吧！

在告诉大家办法之前，请允许我先提一个问题。你们知道我为什么叫**"代数"**吗？

不知道。

哼哼！我叫代数就是因为，我可以**用符号代替未知数**，然后用这个办法去解决问题。

那什么是**未知数**呢？

未知数就是不知道的数，比如长方形阿光的长和宽，就是两个未知数。

现在让我们开始吧。我不知道阿光的长和宽，但是我可以**用符号来给它们包装一下**。这位小客人，x、y、z 这三个字母你最喜欢哪一个呢?

是在问我吗? 我、我喜欢 x!

真有眼光! 那我们就把这 x 看成是阿光的宽吧。要记住，x 代表的是一个数字哦。

这个时候呢，阿光的长和宽就可以用符号表示出来了。

我是 x 厘米。

我比宽长 1 厘米，所以我是 x+1 厘米。

等式其实就像是一个跷跷板，左右两边都是相等的，我们就把等号左边的 4 个 x 和 2 个 1 放在跷跷板的左侧吧。

6 是一个整数，它有 6 个 1，我们把这 6 个 1 放在跷跷板右侧。

我们从左边拿走两个 1，再从右边拿走两个 1。

这个时候，跷跷板两边还是相等的呢。

现在左边全都是 x 了，右边也全都是数字。

4 个 x 等于 4 个 1，那 x 就是 1 呀。

这个方法真的好方便，我们回去也要研究一下。

带回去研究倒不如请我去你们的几何星球参观一下呀，说不定可以帮着你们改建一下。

可以吗？！

当然可以啦，我们致力于把先进的科技传递给全宇宙！

……好了，等问题解决了再说这个吧。

现在我们把这四根小木棍贴在这个长方形上面，就像这样。

阿光的两条宽被遮住了，两条长也被遮住了一部分耶。

没有被木条遮住的部分，就是阿光的长比宽多出来的部分，也就是数据库里记载的1厘米呀。

对哦，我们可以用一根小木棍和一条1厘米长的线段组成阿光的长呀。

没错，所以阿光的周长就是四根小木棍加上两条 1 厘米长的线段，每根小木棍相当于长方形阿光的宽，所以它的周长就是 4 个宽加上两条 1 厘米的线段咯。

之后再算一个等式就可以了。

$(6-2) \div 4 = ?$

这个等式看着有些复杂呀，不过和代数专家的方法差不多嘛，4 个宽就是 4 个 1，那宽就是 1 厘米呀。

我还有另外一个办法。

是什么呀？

宽还可以变成长呀。

这么看下来，我的方法会更直观一点，大家看了都明白，用我的方法就可以了！

我的方法也很不错啊，为什么不用我的？

算术的法子是很不错，但是如果遇到周长是300厘米的长方形，你要怎么推理？难道你要列举出上百个数字吗？

我、我……

所以，为了尽快解决问题，就得用我代数的方法！

分明我的方法更直观！

我、我的也可以！

我的方法好！

用我的方法！

我的方法也不差！

所有工作人员分成三队，分别按照三种方法制作修复程序。

收到！

最后就是我们这里最大的修理厂啦，你们的飞船应该已经修好了。

看着好高科技呀。

我还想带你们去我们的卫星上参观一下啦，不过几何中心没有你们的数据，不如我们直接开着你们的飞船去吧。

我也想去看看。

好呀，让长方形来开，它最擅长了。

那我们就出发啦！

我好像听到了什么声音……

误触按钮的工作人员甲

啊啊啊，你怎么又把水杯碰倒了，水还洒在了电脑上！又要去请三位专家来了！

呜呜呜，我真的不是故意的……

知识回顾

看看我，既是轴对称图形，又是中心对称图形，多么完美。

要养成习惯，把数字和图形结合起来！这样一来，复杂的几何问题也能变得很形象。

旋转，平移，我闭着眼，无论位置如何变换，我的样子都不会改变。

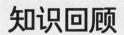

知识回顾

只要善用几何图形的特点，对图形进行适当的变换，就可以直观地得出结果了。

通过推理，一步一步排除假设的情况，就可以找到正确答案了。

灵活利用代数符号，代替不知道的未知数，就可以在等式中直接计算了。

作者团队

米莱童书 | M 米莱童书
点亮孩子的未来

米莱童书是由国内多位资深童书编辑、插画家组成的原创童书研发平台。旗下作品曾获得 2019 年度"中国好书"，2019、2020 年度"桂冠童书"等荣誉；创作内容多次入选"原动力"中国原创动漫出版扶持计划。作为中国新闻出版业科技与标准重点实验室（跨领域综合方向）授牌的中国青少年科普内容研发与推广基地，米莱童书一贯致力于对传统童书进行内容和形式的升级迭代，开发一流原创童书作品，适应当代中国家庭的阅读与学习需求。

策 划 人： 刘润东

原创编辑： 韩茹冰

知识脚本作者： 于利 北京市海淀区北京理工大学附属小学数学老师，34 年小学数学教学经验，海淀区优秀"四有"教师。

漫画绘制： Studio Yufo

装帧设计： 张立佳　刘雅宁　刘浩男　辛　洋　马司雯
　　　　　　朱梦笔　汪芝灵

封面插画： 孙愚火

图书在版编目（CIP）数据

原来几何可以这么直观 / 米莱童书著绘. -- 北京：
北京理工大学出版社, 2024.4
（启航吧知识号）
ISBN 978-7-5763-3421-0

Ⅰ.①原… Ⅱ.①米… Ⅲ.①几何—少儿读物 Ⅳ.
①O18-49

中国国家版本馆CIP数据核字(2024)第011918号

出版发行 / 北京理工大学出版社有限责任公司
社　　址 / 北京市丰台区四合庄路 6 号
邮　　编 / 100070
电　　话 / （010）82563891（童书售后服务热线）
网　　址 / http://www.bitpress.com.cn
经　　销 / 全国各地新华书店
印　　刷 / 雅迪云印（天津）科技有限公司
开　　本 / 710毫米×1000毫米　1 / 16
印　　张 / 7.5　　　　　　　　　　　　　　责任编辑 / 李慧智
字　　数 / 220千字　　　　　　　　　　　　文案编辑 / 徐艳君
版　　次 / 2024年4月第1版　2024年4月第1次印刷　责任校对 / 刘亚男
定　　价 / 30.00元　　　　　　　　　　　　责任印制 / 王美丽